AF393756

Sven Hiller

Eine vollständige thermodynamische Beschreibung von Trinkwarmwasserleitungen mit innenliegender Zirkulationsleitung

GRIN Verlag

Bibliografische Information der Deutschen Nationalbibliothek:

Die Deutsche Bibliothek verzeichnet diese Publikation in der Deutschen National-
bibliografie; detaillierte bibliografische Daten sind im Internet über http://dnb.d-
nb.de/ abrufbar.

Impressum:

Copyright © 2010 GRIN Verlag GmbH
Druck und Bindung: Books on Demand GmbH, Norderstedt Germany
ISBN: 978-3-640-76067-1

Dieses Buch bei GRIN:

http://www.grin.com/de/e-book/161620/eine-vollstaendige-thermodynamische-
beschreibung-von-trinkwarmwasserleitungen

Eine vollständige thermodynamische Beschreibung von Trinkwarmwasserleitungen mit innenliegender Zirkulationsleitung

Dipl.-Ing. Sven Hiller

D-52066 Aachen

10. November 2010

Einleitung

Kernthema dieser Abhandlung ist die Herleitung der thermodynamischen Modellgleichungen für ein beliebiges Inliner-System in zentralen Trinkwassererwärmungsanlagen. Die Herleitung erfolgt über Wärmebilanzierung. Das beschreibende Modell ist ein lineares Differentialgleichungssystem, dessen analytische Lösung erarbeitet wird. Weiterhin wird ein praktisches Beispiel analysiert. Am Ende wird die analytische Lösung den bisherigen verwendeten Lösungsansätzen gegenübergestellt.

Inhaltsverzeichnis

Liste der verwendeten Variablen:

Variable	Beschreibung
$T(x)$, $T(x+dx)$, T	Fluidtemperatur als Funktion des Ortes
T_{TWE}	Temperatur des Trinkwassererwärmers
T_b	Umgebungstemperatur des Hüllrohres
T_{min}	Hygienische Mindesttemperatur im Zirkulationssystem
$T_{min,kopf}$	Mindesttemperatur im Kopfstück des Inliners
ΔT_m	Mittlere Temperaturdifferenz zwischen Trinkwasser und Luft
$\dot{H}(x)$, $\dot{H}(x+dx)$	Enthalpiestrom als Funktion des Ortes (in Massenstrom gebundene Energie)
$d\dot{Q}$	Wärmestrom über die Bilanzgrenze eines Rohrsegments der Länge dx
$\dot{Q}$	Wärmestrom über die Bilanzgrenze
$\dot{q}$	längenbezogener (spezifischer) Wärmestrom
λ, λ_1, λ_2	Eigenwert
λ_{Rohr}, λ_{Iso}	Wärmeleitfähigkeit von Stoffen
α_i, α_a	Wärmeübergangskoeffizient von Fluiden
c_p	spezifische Wärmekapazität des Trinkwassers
k	Wärmedurchgangskoeffizient für Rohre
k_e, k_i	Wärmedurchgangskoeffizient des inneren Rohres/ Hüllrohres
$\dot{m}$	Massenstrom des Trinkwassers
L	Länge des gesamten Inliner-Systems
x	Achse entlang des Inliner-Systems vom Fussstück zum Kopfstück verlaufend
dx	Länge eines Rohrsegments
b_1, b_2, g_1, g_2	Temporäre Variable
m	Temporäre Variable
C_1, C_2	Integrationskonstante
t, $t_{iso,100\%}$	Dicke der Rohrwand, Dämmstoffdicke bei 100% Dämmung
d_i, d_a, D_a	Innen- und Außendurchmesser eines Rohres sowie Außendurchmesser der Dämmung

Kapitel 1

Beschreibung des Systems

1.1 Prinzipielle Beschreibung

Eine Trinkwarmwasserleitung mit innenliegender Zirkulation wird auch als
Inliner-System bezeichnet. Das System in Abbildung 1.1 besteht aus einem
Kopfstück (1), diversen Trinkwarmwasserabzweigen auf den Etagen (2), einem Fussstück (3) mit Zulauf für Trinkwarmwasser (4), einem innenliegen-
dem Zirkulationsrohr (5) und einem Hüllrohr (6).

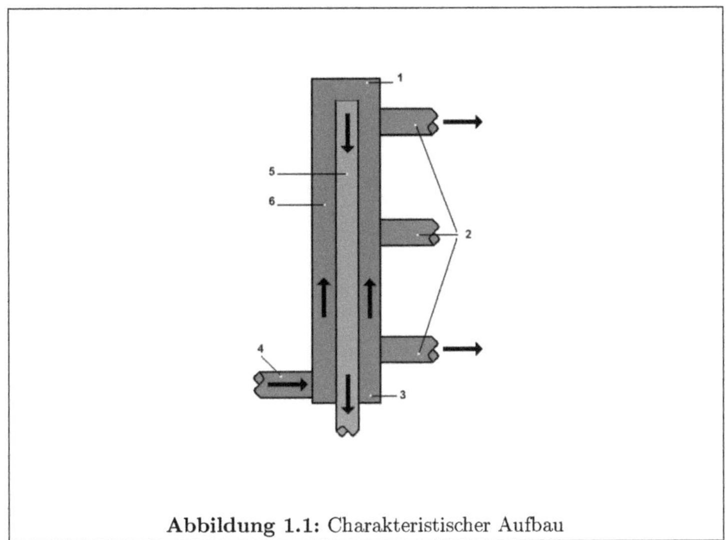

Abbildung 1.1: Charakteristischer Aufbau

Über das Fussstück wird das innenliegende Zirkulationsrohr nach außen durchgeführt. Das Kopfstück birgt die Aufhängung für das innenliegende Rohr und erlaubt dem Warmwasser in das Zirkulationsrohr überzuströmen.

Das System ist für senkrechte Trinkwarmwasserstränge vorgesehen, z.B Steigestränge zur Anbindung von Wohnungen über mehrere Etagen. Das System wird in der Regel ohne Verziehungen und Umlenkungen gebaut. Das innenliegende Rohr ist aus flexiblem Kunststoff (z.B. vernetztes Polyethylen). Das außere Hüllrohr ist ein starrer Rohrwerkstoff (z.B. Kupfer, Edelstahl,...). Auf jeder Etage sind T-Formstücke (2) im Hüllrohr eingebaut. Das abzweigende Tor des T-Stücks muss einen Mindestquerschnitt aufweisen, da das innenliegende Zirkulationsrohr sonst den Abzweig zu den Zapfstellen versperren könnte. Die Vorteile des Inliner-Systems sind u.a. die platzsparende Bauweise (z.B. in engen Versorgungsschächten).

Weitere Vorteile sind die deutlich geringeren Wärmeverluste an die Umgebung. Bei vorgeschriebener 100% Dämmung nach Energieeinsparverordnung (EnEV) ändern sich die Wärmeverluste von Nennweiten ab DN 20 bis DN 100 (Tabelle B.1) nur geringfügig. Die Ursache für die kaum ansteigenden Wärmeverluste mit immer größerer Nennweite ist, dass die vorgeschiebene Mindestdämmstoffdicke mit dem Innendurchmesser anwächst. Da ein herkömmliches Zirkulationssystem die doppelte gedämmte Rohrlänge aufweist, kann man näherungsweise sagen, dass durch das Inliner-System die Wärmeverluste an die Umgebung um bis zu ca. 50% gegenüber einem herkömmlichen Zirkulationsstrang gleicher Länge reduziert werden. Das führt u.a. zu einer deutlichen Temperaturverringerung im Installationsschacht, die sich positiv auf die Trinkwassertemperatur (kalt) in parallel verlaufenden Leitungen auswirkt.

Zur Bemessung eines Zirkulationssystems ist es erforderlich die Temperaturen des Trinkwassers innerhalb des Systems zu beschreiben. Da die Bemessungsgrundlagen nach dem DVGW-Arbeitsblatt W553 [3] die Temperaturverhältnisse eines Inliner-Systems nicht korrekt wiedergeben können, müssen die Temperaturen des Systems anhand der grundlegenden thermodynamischen Wärmebilanzgleichungen ermittelt werden. Die erforderlichen Temperaturen sind die Kopf- und Austrittstemperatur des Inliners. Die Austrittstemperatur ist erforderlich um die Zirkulationsleitungen in Flussrichtung nach dem Inliner-System zu bemessen. Die Kopftemperatur ist bei den üblichen Trinkwarmwasser- und Umgebungstemperaturen die niedrigste Temperatur im Inliner-System und muss daher bei der Bemessung besondere Aufmerksamkeit geschenkt werden. Bei den üblichen Bemessungstemperaturen zwischen $T_{TWE} = 60°C$ im Trinkwassererwärmer (TWE) und der zulässigen hygienischen Mindesttemperatur von $T_{min} = 55°C$, kann die Kopftemperatur niedriger als die erlaubte Mindesttemperatur werden. Daher muss die Kopftemperatur des Inliners bei der Bemessung stets überwacht werden. Für die Praxis sollte man aufgrund der Abweichungen zwischen Realität und Rechenmodell stets eine Temperaturreserve von $T_{kopf,min} = 56°C$ [4] einplanen. Dadurch soll eine systematische Unterschreitung der hygienischen Mindesttemperatur im Bereich des Kopfes verhindert werden. Wird diese Grenztemperatur unterschritten, muss die Temperatur über Volumenstromerhöhung im gesamten Zirkulations-Fließweg angehoben werden.

Die charakteristischen Temperaturverläufe im Inliner-System ergeben sich aufgrund der Wärmeübertragung. Nach dem Eintritt des zirkulierenden Trinkwarmwassers in das Fussstück fällt dessen Temperatur deutlich ab. Ursache ist der Wärmestrom nach außen über das Hüllrohr an die kühlere Umgebungsluft und ein weiterer Wärmestrom nach innen an das zurückfließende kühlere Trinkwarmwasser im innenliegenden Rohr. Der daraus resultierende Temperaturabfall des Trinkwarmwassers im Leitungsverlauf liegt an der Temperaturdifferenz zwischen dem Trinkwarmwasser und den angrenzenden Fluiden (Umgebungsluft und Trinkwasser). Das Trinkwasser kühlt sich während des Verlaufs durch das Hüllrohr ab, strömt im Kopfstück in die innenliegende Zirkulationsleitung und erwärmt sich daraufhin während des Verlaufs durch des innenliegenden Zirkulationsrohrs durch das wärmere Trinkwasser im Hüllrohr.

Im weiteren Verlauf dieser Ausführungen werden die Temperaturfunktionen (auch als Lösung bezeichnet) ermittelt, mit denen die Trinkwarmwasser-Temperatur an jeder beliebigen Stelle eines beliebigen Inliner-Systems ermittelbar werden.

1.2 Thermodynamische Beschreibung

Das Hüllrohr mit der innenliegenden Rohrleitung ist im Prinzip ein Gegenstrom Wärmeübertrager. Für das physikalische Modell wird unterstellt, dass die innenliegende Leitung zentrisch im Hüllrohr gelagert ist. Analog der Auslegungspraxis nach [3] haben die abzweigenden T-Stücke im Hüllrohr für die Wärmebilanz näherungsweise keinen Einfluss. Für die Bemessung des gesamten Zirkulationssystems einschließlich des Inliner-Systems werden alle Zapfstellen als geschlossen betrachtet. Das Kopf- und Fussstück wird aus der

Wärmebilanzierung ausgeschlossen. Für die Praxis können diese speziellen Formstücke näherungsweise als adiabat (wärmedicht) betrachtet werden.

Als beschreibende Ortskoordinate wird die x-Achse verwendet. Die Gültigkeit des allgemeinen Inliners wird definiert von $x = 0 \dots L$. Dabei ist bei $x = 0$ die Position des Fussstücks und $x = L$ die Position des Kopfstücks. Für die Aufstellung der Wärmebilanzgleichungen wird gedanklich ein kurzes Inlinersegment der Länge dx (Hüllrohr und innenliegendes Rohr) aus dem System ausgeschnitten. Anhand der beiden Rohrstücke wird im Folgenden die Bilanzierung der Wärmeströme vorgenommen. An dem Rohrsegment treten aus dem inneren und äußeren Rohr die Massenströme bzw. Enthalpieströme ein und auch wieder aus. Über die Rohrwandungen werden jeweils Wärmeströme abgegeben sowie aufgenommen. Die Wärmebilanz des strömenden Fluids im Hüllrohr (Gleichung 1.1) und des Fluids im innenliegenden Rohr (Gleichung 1.2) für ein sehr kurzes Leitungssegment der Länge dx lautet:

$$\dot{H}_e(x + dx) - \dot{H}_e(x) = -d\dot{Q}_e - d\dot{Q}_i \tag{1.1}$$

$$\dot{H}_i(x + dx) - \dot{H}_i(x) = d\dot{Q}_i \tag{1.2}$$

Gleichung 1.1 besagt, dass ein Wärmestrom über das äußere Hüllrohr $d\dot{Q}_e$ an die Umgebung und über das innere Rohr $d\dot{Q}_i$ zu einer Enthalpiestromverringerung des Fluids führt. In Gleichung 1.2 führt der vom Hüllrohr abgegebene Wärmestrom $d\dot{Q}_i$ zu einer Enthalpiestromerhöhung des Fluids im inneren Rohr. Damit ist die Energiebilanz des inneren und äußeren Fluidstroms anhand eines Rohrsegments eindeutig bestimmt.

Das Rohrsegment steht stellvertretend für alle Rohrsegmente eines Röhren-Wärmeübertragers. Daher gelten die Bilanzgleichungen auf der gesamten Länge des Hüllrohres sowie des innenliegenden Rohres. Aufgenommene Wärmeströme werden mit positivem Vorzeichen, abgegebene Wärmeströme mit negativem Vorzeichen angesetzt. Die für die Bilanzierung angenommenen Richtungen der Wärmeströme sind willkürlich und müssen lediglich konsistent erfolgen.

Der Enthalpiestrom des Trinkwassers wird über die Temperatur und Massenstrom $\dot{H} = \dot{m}c_pT$ [2] ausgedrückt. Dabei ist die spezifische Wärmekapazität c_p eine Stoffeigenschaft und bei Wasser geringfügig von der Temperatur abhängig. Für die weiteren Betrachtungen wird die spezifische Wärmekapazität praxisgerecht als konstant angesetzt. Für die praktische Ermittlung der spezifischen Wärmekapazität kann die Temperatur des Trinkwassererwärmers verwendet werden. Der Massenstrom im Hüllrohr fließt in Richtung der positiven x-Achse. Der Massenstrom im inneren Rohr ist betragsmäßig gleich groß, verläuft aber in entgegengesetzter Strömungsrichtung. Daher ändert sich auch die Richtung des Enthalpiestroms im inneren Rohr. Die folgenden Gleichungen 1.3, 1.4 und 1.5 fließen aus diesem Grund in die Wärmebilanzgleichungen 1.1 und 1.2 ein.

$$\dot{H}_e(x + dx) - \dot{H}_e(x) = \dot{m}_e c_p(T_e(x + dx) - T_e(x)) \tag{1.3}$$

$$\dot{H}_i(x + dx) - \dot{H}_i(x) = \dot{m}_i c_p(T_i(x + dx) - T_i(x)) \tag{1.4}$$

$$\dot{m}_e = -\dot{m}_i = \dot{m} \tag{1.5}$$

Dadurch ergeben sich die beiden spezialisierten Wärmebilanzen zu:

$$\dot{m}c_p(T_e(x + dx) - T_e(x)) = -d\dot{Q}_e - d\dot{Q}_i \tag{1.6}$$

$$\dot{m}c_p(T_i(x + dx) - T_i(x)) = -d\dot{Q}_i \tag{1.7}$$

Der Wärmestrom über die Rohrleitungswandung wird anhand des Fourier'schen Gesetzes für ein Rohrsegment bestimmt. Der Wärmestrom ist proportional dem Wärmedurchgangskoeffizienten k_e und k_i und der Temperaturdifferenz zwischen den Fluiden innerhalb und außerhalb des Rohres. Die Berechnung des Wärmeduchgangkoeffizients k für Rohre kann über die Gleichung B.1 im Anhang B erfolgen.

$$d\dot{Q}_e = k_e \, dx \ (T_e(x) - T_b) \tag{1.8}$$

$$d\dot{Q}_i = k_i \, dx \ (T_e(x) - T_i(x)) \tag{1.9}$$

Genaugenommen müsste in diesen Wärmestromansätzen anstatt $T_e(x)$ die Mitteltemperatur zwischen $T_e(x)$ und $T_e(x + dx)$ angesetzt werden. Gleiches gilt auch für $T_i(x)$. In der weiteren Abhandlung lassen wir allerdings dx gegen Null gehen (Grenzwertrechnung). Dadurch werden sich die beiden Temperaturen $T_e(x)$ und $T_e(x + dx)$ beliebig nahe kommen, so dass die Gleichungen 1.8 und 1.9 exakt sind.

$$\dot{m}c_p \frac{T_e(x + dx) - T_e(x)}{dx} = -k_e(T_e(x) - T_b) - k_i(T_e(x) - T_i(x)) \tag{1.10}$$

$$\dot{m}c_p \frac{T_i(x + dx) - T_i(x)}{dx} = -k_i(T_e(x) - T_i(x)) \tag{1.11}$$

Die beiden Gleichungen 1.10 und 1.11 zur Beschreibung des Inliners werden auch in [4] angegeben. Solange dx als Länge größer Null betrachtet wird, handelt es sich bei den Gleichungen um eine numerische Approximation als Ausgangspunkt für finite Differenzenverfahren. Um das Modell zu vervollständigen wird der Grenzwertübergang vorgenommen. Der Ausdruck in Gleichung 1.11 wird nach dem Grenzwertübergang $dx \to 0$ von einem näherungsweisen Differenzenquotient zu einem exakten Differentialquotient und wie folgt notiert:

$$\lim_{dx \to 0} \frac{T(x + dx) - T(x)}{dx} = \frac{dT(x)}{dx} = T'(x) \tag{1.12}$$

Das führt die Wärmebilanzgleichungen auf folgende Gestalt in Matrizenform:

$$\dot{m}c_p \begin{pmatrix} T_e'(x) \\ T_i'(x) \end{pmatrix} = \begin{pmatrix} -(k_i + k_e) & k_i \\ -k_i & k_i \end{pmatrix} \begin{pmatrix} T_e(x) \\ T_i(x) \end{pmatrix} + \begin{pmatrix} k_e T_b \\ 0 \end{pmatrix} \tag{1.13}$$

Die beiden Gleichungen enthalten jeweils die gesuchten Temperaturfunktionen sowie deren Ableitungen 1. Ordnung. Die Gleichungen werden daher als Differentialgleichungen bezeichnet. Da eine Temperaturfunktion in der jeweils anderen Gleichung enthalten ist (thermodynamische Kopplung), handelt es sich bei den gekoppelten Gleichungen um ein Differentialgleichungssystem. Die gesuchten Funktionen $T_e(x)$ und $T_i(x)$ müssen so bestimmt werden, dass sie das Differentialgleichungssystem erfüllen.

Die Lösungsfunktionen sind erst dann eindeutig bestimmbar wenn die Randwertbedingungen angegeben werden. Zur eindeutigen Lösung sind zwei Randbedingungen erforderlich:

Die 1. Randbedingung ist die Temperatur des einströmenden Trinkwassers in das Hüllrohr am Fussstück.

$$T_e(0) = T_0 \tag{1.14}$$

Die 2. Randbedingung ist die Eintrittstemperatur des innenliegenden Rohres am Kopfstück. Diese Temperatur ist gleich der Austrittstemperatur des Trinkwassers aus dem Hüllrohr, die sogenannte Kopftemperatur.

$$T_i(L) = T_e(L) = T_L \tag{1.15}$$

Die Lösungen dieser Gleichungen (Temperaturfunktionen) gelten für das gesamte Inliner-System solange sich der Rohrdurchmesser, die Dämmung oder Dämmstoff und die Umgebungstemperatur im Verlauf der Leitung nicht ändert. Die Änderung der Parameter k_e, k_i und T_b erzwingt die Eröffnung einer neuen Teilstrecke und führt dann zu einer abschnittsweisen Gültigkeit der Lösungsfunktionen je Teilstrecke.

1.3   Lösungen des Systems

Die vollständige Herleitung der Lösungen (Temperaturfunktionen) wird im Anhang A beschrieben. Die analytischen Lösungen der Wärmebilanzgleichungen 1.13 eines Inliner-Systems der Länge L unter Berücksichtigung der Randbedingungen lauten vollständig:

$$T_e(x) = T_b + C_1 e^{\lambda_1 x} + C_2 e^{\lambda_2 x} \tag{1.16}$$

$$T_i(x) = T_b + C_1 \frac{k_1}{k_i} e^{\lambda_1 x} + C_2 \frac{k_2}{k_i} e^{\lambda_2 x} \tag{1.17}$$

Die Gleichungen enthalten die Integrationskonstanten C_1 und C_2 die einmal vor Benutzung der Temperaturfunktionen (z.B. zur Auswertung in einem Diagramm) als Zahlwerte ermittelt werden müssen. Die Konstanten haben die Einheit der Temperatur bzw. Temperaturdifferenz. Die Integrationskonstanten werden wie folgt bestimmt:

$$C_1 = T_0 - T_b - C_2 \tag{1.18}$$

$$C_2 = g_2(T_L - T_b) - g_1(T_0 - T_b) \tag{1.19}$$

mit den Variablen g_1 und g_2

$$g_1 = \frac{k_1 e^{\lambda_1 L}}{k_2 e^{\lambda_2 L} - k_1 e^{\lambda_1 L}} \tag{1.20}$$

$$g_2 = \frac{k_i}{k_2 e^{\lambda_2 L} - k_1 e^{\lambda_1 L}} \tag{1.21}$$

sowie den Variablen k_1 und k_2

$$k_1 = k_i + k_e/2 + \sqrt{k_e^2/4 + k_e k_i} \tag{1.22}$$

$$k_2 = k_i + k_e/2 - \sqrt{k_e^2/4 + k_e k_i} \tag{1.23}$$

und den Eigenwerten λ_1 und λ_2

$$\lambda_1 = \frac{1}{\dot{m}c_p}\left(-\frac{k_e}{2} + \sqrt{\frac{k_e^2}{4} + k_e k_i}\right) \tag{1.24}$$

$$\lambda_2 = \frac{1}{\dot{m}c_p}\left(-\frac{k_e}{2} - \sqrt{\frac{k_e^2}{4} + k_e k_i}\right) \tag{1.25}$$

sowie der Gleichungen zur Bestimmung der Kopftemperatur T_L

$$T_L = T_b + \frac{T_0 - T_b}{g_2}\left(\frac{m}{m-1} + g_1\right) \tag{1.26}$$

$$m = \frac{1 - \frac{k_1}{k_i}}{1 - \frac{k_2}{k_i}}e^{(\lambda_1 - \lambda_2)L} \tag{1.27}$$

Kapitel 2

Untersuchungen der Lösung

2.1 Darstellung einer Beispiellösung

Es soll die praktische Lösung anhand eines (fiktiven) Beispiel-Inliners in einem Diagramm anschaulich dargestellt werden. Die Zahlwerte sind so gewählt, dass sich das Inliner-System mit seinem stationärem Temperaturfeld im bestimmungsgemäßem Temperaturbereich befindet.

$c_p = 1,162\,Wh/(kgK)$

$\dot{m} = 70\,kg/h$

$k_i = 2,00\,W/(mK)$

$k_e = 0,25\,W/(mK)$

$L = 20\,m$

$T_b = 20\,°C$

$T_0 = 59\,°C$

Zur Ermittlung der Integrationskonstanten C_1 und C_2 müssen folgende Parameter ermittelt werden:

$$k_1 = k_i + k_e/2 + \sqrt{k_e^2/4 + k_e k_i} = 2,84307\,\frac{W}{mK} \tag{2.1}$$

$$k_2 = k_i + k_e/2 - \sqrt{k_e^2/4 + k_e k_i} = 1,40693\,\frac{W}{mK} \tag{2.2}$$

$$\lambda_1 = \frac{1}{\dot{m}c_p}\left(-\frac{k_e}{2} + \sqrt{\frac{k_e^2}{4} + k_e k_i}\right) = 0,00729\,\frac{1}{m} \tag{2.3}$$

$$\lambda_2 = \frac{1}{\dot{m}c_p}\left(-\frac{k_e}{2} - \sqrt{\frac{k_e^2}{4} + k_e k_i}\right) = -0,01036\,\frac{1}{m} \tag{2.4}$$

13

$$g_1 = \frac{k_1 e^{\lambda_1 L}}{k_2 e^{\lambda_2 L} - k_1 e^{\lambda_1 L}} = -1,53289 \tag{2.5}$$

$$g_2 = \frac{k_i}{k_2 e^{\lambda_2 L} - k_1 e^{\lambda_1 L}} = -0,93201 \tag{2.6}$$

Mit den bisher ermittelten Werten kann die Kopftemperatur schnell bestimmt werden:

$$m = \frac{1 - \frac{k_1}{k_i}}{1 - \frac{k_2}{k_i}} e^{(\lambda_1 - \lambda_2)L} = -2,02356 \tag{2.7}$$

$$T_L = T_b + \frac{T_0 - T_b}{g_2} \left(\frac{m}{m-1} + g_1 \right) = 56,14\,°C \tag{2.8}$$

Zur Darstellung der Ergebnisse sind abschließend die Integrationskonstanten zu bestimmen:

$$C_2 = g_2(T_L - T_b) - g_1(T_0 - T_b) = 26,101\,K \tag{2.9}$$

$$C_1 = T_0 - T_b - C_2 = 12,899\,K \tag{2.10}$$

Dadurch ergeben sich die gekoppelten Temperaturfunktionen für das obengenannte Beispiel:

$$T_e(x) = 20\,°C + 12,899\,K e^{0,00729\frac{x}{m}} + 26,101\,K e^{-0,01036\frac{x}{m}} \tag{2.11}$$

$$T_i(x) = 20\,°C + 12,899\,K \frac{2,84307}{2} e^{0,00729\frac{x}{m}} + 26,101\,K \frac{1,40693}{2} e^{-0,01036\frac{x}{m}}$$
$$\tag{2.12}$$

Die Temperaturfunktionen für das Trinkwasser im inneren und äußeren Rohr werden als Funktion der Ortskoordinate $x = 0 \ldots 20\,m$ anschaulich in Abbildung 2.1 dargestellt. Abschließend wird noch einmal die Austrittstemperatur ermittelt:

$$T_i(0) = 20\,°C + 12,899\,K \frac{2,84307}{2} + 26,101\,K \frac{1,40693}{2} = 56,70\,°C \tag{2.13}$$

Die gesamte Wärmestrom über das Hüllrohr an die Umgebung kann über die infinitesimalen Temperaturdifferenzen zwischen $T_e(x)$ und T_b durch Integration über die Inliner-Länge L berechnet werden. Wesentlich bequemer ist es

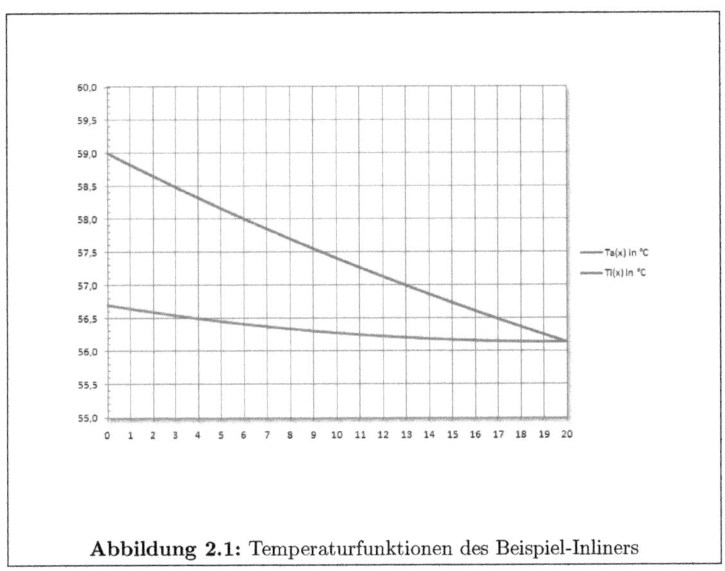

Abbildung 2.1: Temperaturfunktionen des Beispiel-Inliners

über die ein- und austretenden Enthalpieströme des Trinkwassers vorzugehen (Energieerhaltungssatz). Der Betrag des Wärmestroms an die Umgebung lautet:

$$|\dot{Q}_e| = \dot{H}_e(0) - \dot{H}_i(0) = \dot{m}\,c_p\,(T_e(0) - T_i(0)) \tag{2.14}$$

$$|\dot{Q}_e| = 70\frac{kg}{h}1,162\,\frac{Wh}{kg\,K}(59,0 - 56,7)K = 233W \tag{2.15}$$

Der mittlere längenbezogene Wärmeverlust an die Umgebung lautet:

$$|\dot{q}_e| = \frac{|\dot{Q}_e|}{L} = 11,6\frac{W}{m} \tag{2.16}$$

2.2   Bewertung der analytischen Lösung

Für ein Handrechenverfahren ist die Auswertung der analytischen Lösung unter 1.3 zu aufwendig. Es ist auch nicht Ziel dieser Ausführungen ein Handrechenverfahren zu entwickeln. Die Gleichungen sind vielmehr geeignet zur Implementation in Bemessungs- oder Simulationsprogrammen für Trinkwasser-

Zirkulationsanlagen und daher als ein Baustein für solche Programmmodule
zu sehen.

Für die Bemessung von Inliner-Systemen bildet die analytische Lösung den
Schlüssel zu einer exakten (exakt im Rahmen des thermodynamischen Mo-
dells) Berechnung innerhalb eines Programms. Sie dient zur performanten
Ermittlung der Kopf- und Austrittstemperaturen des Inliners im differen-
zierten Bemessungsverfahren nach [3]. Über die Temperaturfunktionen kann
in einem Bemessungsverfahren ebenfalls schnell geklärt werden, ab wann eine
Volumenstromanhebung vorgenommen werden muss und wie hoch diese zu
erfolgen hat.

Diese Gleichungen sind leicht in einem programmierbaren Taschenrechner
oder Tabellenkalkulationsprogramm implementierbar. Daher sind die exakten Temperaturfunktionen für die Qualitätssicherung von Bemessungs- und
Simulationsprogrammen prädestiniert. Die Gleichungen finden ebenfalls Anwendung für die Darstellung des Temperaturverlaufs in einem Diagramm.

Wie wird bisher die Bemessung von Inliner-Systemen durchgeführt? Mit wel-
chen Gleichungen wird gerechnet? In [4] wird beschrieben wie eine iterative
numerische Lösung der Wärmebilanzgleichungen 1.10 und 1.11 vollzogen werden kann. Die numerische Lösung der Wärmebilanzgleichungen ist wesentlich
daten- und zeitintensiver als die Auswertung der exakten analytischen Lösung. Weiterhin ist das Verfahren aufgrund der Diskretisierung mit einem
gewissen Fehler behaftet. Dieser Fehler ist allerdings bei korrekter Implementation und entsprechend gewählter Diskretisierung gering und die Lösung ist daher durchaus als solche zu bezeichnen. Der Datenaufwand ergibt
sich anhand der Temperaturen, die in gewissen Punkten entlang des virtu-
ellen Inliners gehalten werden. Anhand des Beispiels von oben, führt das
bei einer gewählten Diskretisierungsschrittweite von z.B. $dx = 10\,cm$ zu ca.
400 Temperaturwerten in einem Inliner-System. Die geeignete Diskretisierungsschrittweite kann je nach Inliner und Randbedingung unterschiedlich
ausfallen und muss ebenfalls ermittelt werden. Das geschieht am besten über
adaptive Schittweitensteuerung. Die Temperaturwerte werden initial mit z.B
der Eintrittstemperatur T_0 belegt. Die Ermittlung aller Temperaturwerte geschieht ausgehend von der Eintrittstemperatur über alle Temperaturknoten
in Fließrichtung zum Kopfstück bis zum letzten Austrittsknoten mittels der
Gleichungen 1.10 und 1.11. Dieser Vorgang wird solange wiederholt bis sich
das diskrete Temperaturfeld nicht mehr ändert. Das ist ein Indiz für eine ge-
fundene Lösung. Die beschriebene numerische Lösungsweg verdeutlicht den
zeitlichen Aufwand bei der Auswertung. Da die iterative Auswertung der

Temperaturen des Inliners nur ein Baustein in einer an sich iterativen Bemessungsroutine nach [3] in einem Programm ist, wird die Bemessung von z.B. 10 Inliner-Systemen in einer größeren Zirkulationsanlage zur zeitlich bestimmenden Größe.

Die Komplexität des numerischen Lösungsweges gab den Ausschlag für die Entwicklung eines Näherungsverfahrens zur Anwendung in Bemessungsprogrammen [5]. Über ein Regressionspolynom 2. Grades wird ein Mindestvolumenstrom berechnet, bei dem eine Kopftemperatur von $56°C$ nicht unterschritten wird. Das Regressionspolynom ist naturgemäß mit einem Fehler behaftet und daher auf gewisse Inliner-Geometrien und Randbedingungen begrenzt. Diese Funktion ist also nicht uneingeschränkt anwendbar und liefert weiterhin keine generellen Aussagen über die Temperaturen im Inliner. Für Simulationsberechnungen ist das Regressionspolynom nicht anwendbar.

Die in dieser Abhandlung vorgestellte analytische Lösung macht beide Näherungsverfahren, den nicht uneingeschränkt verwendbaren Regressionsansatz und die zeitintensive numerische Lösung, überflüssig.

2.3 Grenzfall adiabates innenliegendes Rohr

Der zu untersuchende Grenzfall ist nur theoretischer Natur und soll die Leistungsfähigkeit der Temperaturfunktionen wiederspiegeln. Der zu untersuchende Fall bezieht sich auf die Temperaturfunktion des Hüllrohrs und entspricht einer thermodynamischen Entkopplung von den Fluiden im Hüllrohr und dem innenliegenden Rohr. Die Forderung adiabat bedeutet, dass der Wärmedurchgang zum innenliegenden Rohr unterbunden ist. Das resultiert in einem Wärmedurchgangskoeffizient mit $k_i = 0$. Daraus folgt aus den Lösungsansätzen, dass g_2, λ_1 und k_2 verschwinden. Es folgt weiterhin $k_1 = k_e$ und $\lambda_2 = -k_e/(\dot{m}c_p)$ sowie $g_1 = -1$, eingesetzt in die Gleichungen für die Integrationskonstanten vereinfachen sich diese wie folgt

$$C_1 = 0 \tag{2.17}$$

$$C_2 = T_0 - T_b \tag{2.18}$$

Der Temperaturfunktion zeigt sich für den Grenzfall *adiabater Inliner* wie folgt:

$$T_e(x) = T_b + (T_0 - T_b)e^{-\frac{k_e}{\dot{m}c_p}x} \tag{2.19}$$

Die Gleichung 2.19 entspricht der regulären Temperaturfunktion einer einfachen Rohrleitung ohne Inliner. Die Lösungsmenge der Funktion liegt nur zwischen der Eintrittstemperatur T_0 und der Umgebungstemperatur T_b. Für $x = 0$ gibt die Funktion den Eintrittstemperatur wieder. Für $x \to \infty$ strebt die Fluidtemperatur gegen die Umgebungstemperatur.

Anhang A

Herleitung der Temperaturfunktionen

Die analytische Lösung des Differentialgleichungssystems gliedert sich in drei Teilschritte. Zunächst wird die Fundamentallösung des homogenen Differentialgleichungssystems bestimmt. Im zweiten Schritt wird die partikuläre Lösung des inhomogenen Systems ermittelt. Die Summe aus Fundamental- und Partikulärlösung ergeben die allgemeine Lösung. Im dritten Schritt werden die Randbedingungen in die Lösung eingearbeitet um die Temperaturfunktionen eindeutig zu bestimmen. Die Anzahl der gekoppelten Differentialgleichungen ist gleich der Anzahl an Lösungsfunktionen. Im Folgenden wird mit der vereinfachten Notation für die Temperaturfunktionen $T(x) = T$ gearbeitet.

Mit den Substitutionen $b = k/(\dot{m}c_p)$ ergibt sich das System in der Gestalt

$$\begin{pmatrix} T_e' \\ T_i' \end{pmatrix} = \begin{pmatrix} -(b_i + b_e) & b_i \\ -b_i & b_i \end{pmatrix} \begin{pmatrix} T_e \\ T_i \end{pmatrix} + \begin{pmatrix} b_e T_b \\ 0 \end{pmatrix} \qquad \text{(A.1)}$$

A.1 Fundamentallösung

Die Fundamentallösung wird anhand des homogenen Differentialgleichungssystems ermittelt. Dazu wird der Störvektor in Gleichung A.1 nicht berücksichtigt. Das homogene Differentialgleichungssystem lautet

$$\begin{pmatrix} T_{e,hom}' \\ T_{i,hom}' \end{pmatrix} = \begin{pmatrix} -(b_i + b_e) & b_i \\ -b_i & b_i \end{pmatrix} \begin{pmatrix} T_{e,hom} \\ T_{i,hom} \end{pmatrix} \qquad \text{(A.2)}$$

Als Lösungsansatz für lineare Differentialgleichungen werden Exponential-

Funktionen [1] wie folgt angesetzt.

$$\begin{pmatrix} T_{e,hom} \\ T_{i,hom} \end{pmatrix} = \begin{pmatrix} K_e \\ K_i \end{pmatrix} e^{\lambda x} \tag{A.3}$$

Die Ableitungen nach der Variablen x lauten

$$\begin{pmatrix} T'_{e,hom} \\ T'_{i,hom} \end{pmatrix} = \begin{pmatrix} K_e \\ K_i \end{pmatrix} \lambda e^{\lambda x} \tag{A.4}$$

Die Gleichungen A.3 und A.4 werden in Gleichung A.2 eingesetzt und weiter umgeformt zu

$$\begin{pmatrix} \lambda K_e e^{\lambda x} \\ \lambda K_i e^{\lambda x} \end{pmatrix} = \begin{pmatrix} -(b_i + b_e) & b_i \\ -b_i & b_i \end{pmatrix} \begin{pmatrix} K_e e^{\lambda x} \\ K_i e^{\lambda x} \end{pmatrix} \tag{A.5}$$

$$\begin{pmatrix} \lambda & 0 \\ 0 & \lambda \end{pmatrix} \begin{pmatrix} K_e \\ K_i \end{pmatrix} = \begin{pmatrix} -(b_i + b_e) & b_i \\ -b_i & b_i \end{pmatrix} \begin{pmatrix} K_e \\ K_i \end{pmatrix} \tag{A.6}$$

$$\begin{pmatrix} -(b_i + b_e) - \lambda & b_i \\ -b_i & b_i - \lambda \end{pmatrix} \begin{pmatrix} K_e \\ K_i \end{pmatrix} = \vec{0} \tag{A.7}$$

Nach den Umformungen erhält man das homogene algebraische Gleichungssystem A.7, das auch als Eigenwertproblem bekannt ist. Unbekannt sind die Eigenwerte λ und der Eigenvektor $\vec{K}$. Das Gleichungssystem weist nur nicht-triviale Lösungen auf, wenn

$$det \begin{vmatrix} -(b_i + b_e) - \lambda & b_i \\ -b_i & b_i - \lambda \end{vmatrix} = 0 \tag{A.8}$$

gilt. Mit der Bedingung für nicht-triviale Lösungen werden die Eigenwerte λ bestimmbar. Nach weiteren Umformungen von A.8 erhält man

$$(-(b_i + b_e) - \lambda)(b_i - \lambda) + b_i^2 = 0 \tag{A.9}$$

$$-(b_i + b_e)b_i - \lambda b_i + (b_i + b_e)\lambda + \lambda^2 + b_i^2 = 0 \tag{A.10}$$

$$-b_i^{2'} - b_e b_i - \lambda b_i + b_i \lambda + b_e \lambda + \lambda^2 + b_i^2 = 0 \tag{A.11}$$

Die Nullstellen der quadratischen Gleichung

$$\lambda^2 + b_e \lambda - b_e b_i = 0 \tag{A.12}$$

werden mit der quadratischen Ergänzung $(b_e/2)^2$ gewonnen

$$\lambda^2 + b_e \lambda + (b_e/2)^2 = b_e b_i + (b_e/2)^2 \tag{A.13}$$

$$(\lambda + b_e/2)^2 = b_e b_i + (b_e/2)^2 \tag{A.14}$$

Die Eigenwerte (beide reell) lauten:

$$\lambda_1 = -\frac{b_e}{2} + \sqrt{\frac{b_e^2}{4} + b_e b_i} \tag{A.15}$$

$$\lambda_2 = -\frac{b_e}{2} - \sqrt{\frac{b_e^2}{4} + b_e b_i} \tag{A.16}$$

und nach Rücksubstitution mittels $b = k/(\dot{m}c_p)$:

$$\lambda_1 = \frac{1}{\dot{m}c_p}\left(-\frac{k_e}{2} + \sqrt{\frac{k_e^2}{4} + k_e k_i} \right) \tag{A.17}$$

$$\lambda_2 = \frac{1}{\dot{m}c_p}\left(-\frac{k_e}{2} - \sqrt{\frac{k_e^2}{4} + k_e k_i} \right) \tag{A.18}$$

Die beiden voneinander verschiedenen Eigenwerte führen zu folgendem Lösungsansatz nach [1]

$$T_{e,hom} = C_1 e^{\lambda_1 x} + C_2 e^{\lambda_2 x} \tag{A.19}$$

Die Ableitung dieses Ansatzes ist für die weiteren Betrachtungen erforderlich

$$T'_{e,hom} = C_1 \lambda_1 e^{\lambda_1 x} + C_2 \lambda_1 e^{\lambda_2 x} \tag{A.20}$$

Der Lösungsansatz wird zunächst für das äußere Hüllrohr angesetzt und enthält die beiden Konstanten C_1 und C_2, die an späterer Stelle durch die Randbedingungen zu bestimmen sind. Zur Bestimmung von $T_{i,hom}$ wird Gleichung A.2 verwendet. Dadurch erhält man

$$T_{i,hom} = \frac{1}{b_i}(T'_{e,hom} + (b_e + b_i)T_{e,hom}) \tag{A.21}$$

Durch Einsetzen von Gleichung A.19 und A.20 in A.21 wird nach weiteren Umformungen

$$T_{i,hom} = \frac{\lambda_1 + b_i + b_e}{b_i}C_1 e^{\lambda_1 x} + \frac{\lambda_2 + b_i + b_e}{b_i}C_2 e^{\lambda_2 x} \tag{A.22}$$

Die Fundamentallösung für das homogene Differentialgleichungssystem lautet

$$\begin{pmatrix} T_{e,hom} \\ T_{i,hom} \end{pmatrix} = \begin{pmatrix} 1 \\ \frac{\lambda_1 + b_i + b_e}{b_i} \end{pmatrix} C_1 e^{\lambda_1 x} + \begin{pmatrix} 1 \\ \frac{\lambda_2 + b_i + b_e}{b_i} \end{pmatrix} C_2 e^{\lambda_2 x} \tag{A.23}$$

A.2 Partikulärlösung

Für die Partikulärlösung wird das vollständige Differentialgleichungssystem einschließlich des Störvektors mit einbezogen.

$$\begin{pmatrix} T'_{e,part} \\ T'_{i,part} \end{pmatrix} = \begin{pmatrix} -(b_i + b_e) & b_i \\ -b_i & b_i \end{pmatrix} \begin{pmatrix} T_{e,part} \\ T_{i,part} \end{pmatrix} + \begin{pmatrix} b_e T_b \\ 0 \end{pmatrix} \tag{A.24}$$

Hier muss der Funktionstyp der Komponenten des Störvektors untersucht werden. Im Störvektor ist jeweils eine Konstante enthalten. Daher muss die Ansatzfunktion [1] eine Konstante sein.

$$\begin{pmatrix} T_{e,part} \\ T_{i,part} \end{pmatrix} = \begin{pmatrix} G_e \\ G_i \end{pmatrix} \tag{A.25}$$

Mit den Konstanten ergibt sich Gleichung A.24 zu

$$\begin{pmatrix} 0 \\ 0 \end{pmatrix} = \begin{pmatrix} -(b_i + b_e) & b_i \\ -b_i & b_i \end{pmatrix} \begin{pmatrix} G_e \\ G_i \end{pmatrix} + \begin{pmatrix} b_e T_b \\ 0 \end{pmatrix} \tag{A.26}$$

Das Gleichungssystem zeigt in der zweiten Gleichung eindeutig das $G_e = G_i$ gilt. Letztlich ergibt sich nach Umformung die partikuläre Lösung

$$\begin{pmatrix} T_{e,part} \\ T_{i,part} \end{pmatrix} = \begin{pmatrix} T_b \\ T_b \end{pmatrix} \tag{A.27}$$

A.3 Allgemeine Lösung

Die allgemeinen Lösungen ergeben sich durch Superposition der Fundamental- und Partikulärlösungen

$$\begin{pmatrix} T_e \\ T_i \end{pmatrix} = \begin{pmatrix} T_{e,hom} \\ T_{i,hom} \end{pmatrix} + \begin{pmatrix} T_{e,part} \\ T_{i,part} \end{pmatrix} \tag{A.28}$$

Die Lösungen enthalten nur noch die 2 Freiheitsgrade C_1 und C_2, die durch die 2 Randbedingungen des Systems eindeutig bestimmbar sind.

$$\begin{pmatrix} T_e \\ T_i \end{pmatrix} = C_1 \begin{pmatrix} 1 \\ \frac{\lambda_1 + b_i + b_e}{b_i} \end{pmatrix} e^{\lambda_1 x} + C_2 \begin{pmatrix} 1 \\ \frac{\lambda_2 + b_i + b_e}{b_i} \end{pmatrix} e^{\lambda_2 x} + \begin{pmatrix} T_b \\ T_b \end{pmatrix} \tag{A.29}$$

A.4 Lösung unter Berücksichtigung der Randbedingungen

Um die beiden Integrationskonstanten für den Lösungsansatz zu bestimmen, werden die Randbedingungen 1.14 und 1.15 in Gleichung A.29 eingesetzt.

$$\begin{pmatrix} T_0 \\ T_L \end{pmatrix} = C_1 \begin{pmatrix} e^{\lambda_1 0} \\ \frac{\lambda_1 + b_i + b_e}{b_i} e^{\lambda_1 L} \end{pmatrix} + C_2 \begin{pmatrix} e^{\lambda_1 0} \\ \frac{\lambda_2 + b_i + b_e}{b_i} e^{\lambda_2 L} \end{pmatrix} + \begin{pmatrix} T_b \\ T_b \end{pmatrix} \qquad (A.30)$$

Etwas umgestellt ergibt sich das Gleichungssystem mit den zwei Unbekannten in der Gestalt

$$\begin{pmatrix} 1 & 1 \\ \frac{\lambda_1 + b_i + b_e}{b_i} e^{\lambda_1 L} & \frac{\lambda_2 + b_i + b_e}{b_i} e^{\lambda_2 L} \end{pmatrix} \begin{pmatrix} C_1 \\ C_2 \end{pmatrix} = \begin{pmatrix} T_0 - T_b \\ T_L - T_b \end{pmatrix} \qquad (A.31)$$

aus Zeile 1 in Gleichung A.31 kann sofort die Relation zwischen C1 und C2 ermittelt werden

$$C_1 = T_0 - T_b - C_2 \qquad (A.32)$$

eingesetzt in die zweite Zeile von Gleichung A.31 folgt

$$\frac{\lambda_1 + b_i + b_e}{b_i} e^{\lambda_1 L}(T_0 - T_b - C_2) + \frac{\lambda_2 + b_i + b_e}{b_i} e^{\lambda_2 L} C_2 = T_L - T_b \qquad (A.33)$$

und aufgelöst nach C_2

$$C_2 = \frac{T_L - T_b - \frac{\lambda_1 + b_i + b_e}{b_i}(T_0 - T_b)e^{\lambda_1 L}}{\frac{\lambda_2 + b_i + b_e}{b_i} e^{\lambda_2 L} - \frac{\lambda_1 + b_i + b_e}{b_i} e^{\lambda_1 L}} \qquad (A.34)$$

$$C_2 = \frac{b_i(T_L - T_b) - (\lambda_1 + b_i + b_e)(T_0 - T_b)e^{\lambda_1 L}}{(\lambda_2 + b_i + b_e)e^{\lambda_2 L} - (\lambda_1 + b_i + b_e)e^{\lambda_1 L}} \qquad (A.35)$$

mit der Rücksubstitution $b = k/(\dot{m}c_p)$ und weiteren Vereinfachungen

$$C_2 = \frac{k_i(T_L - T_b) - (\dot{m}c_p \lambda_1 + k_i + k_e)(T_0 - T_b)e^{\lambda_1 L}}{(\dot{m}c_p \lambda_2 + k_i + k_e)e^{\lambda_2 L} - (\dot{m}c_p \lambda_1 + k_i + k_e)e^{\lambda_1 L}} \qquad (A.36)$$

$$C_2 = \frac{k_i(T_L - T_b) - (k_i + k_e/2 + \sqrt{k_e^2/4 + k_e k_i})(T_0 - T_b)e^{\lambda_1 L}}{(k_i + k_e/2 - \sqrt{k_e^2/4 + k_e k_i})e^{\lambda_2 L} - (k_i + k_e/2 + \sqrt{k_e^2/4 + k_e k_i})e^{\lambda_1 L}}$$
$$(A.37)$$

Etwas vereinfachend und zusammenfassend kann man schreiben

$$k_1 = k_i + k_e/2 + \sqrt{k_e^2/4 + k_e k_i} \qquad \text{(A.38)}$$

$$k_2 = k_i + k_e/2 - \sqrt{k_e^2/4 + k_e k_i} \qquad \text{(A.39)}$$

Dadurch erhalten die Konstanten folgende Gestalt

$$C_1 = T_0 - T_b - \frac{k_i(T_L - T_b) - k_1(T_0 - T_b)e^{\lambda_1 L}}{k_2 e^{\lambda_2 L} - k_1 e^{\lambda_1 L}} \qquad \text{(A.40)}$$

$$C_2 = \frac{k_i(T_L - T_b) - k_1(T_0 - T_b)e^{\lambda_1 L}}{k_2 e^{\lambda_2 L} - k_1 e^{\lambda_1 L}} \qquad \text{(A.41)}$$

Weitere Vereinfachungen erreicht man mittels

$$g_1 = \frac{k_1 e^{\lambda_1 L}}{k_2 e^{\lambda_2 L} - k_1 e^{\lambda_1 L}} \qquad \text{(A.42)}$$

$$g_2 = \frac{k_i}{k_2 e^{\lambda_2 L} - k_1 e^{\lambda_1 L}} \qquad \text{(A.43)}$$

Das endgültige Erscheinungsbild von C_1 und C_2 lautet

$$C_1 = T_0 - T_b - g_2(T_L - T_b) + g_1(T_0 - T_b) \qquad \text{(A.44)}$$

$$C_2 = g_2(T_L - T_b) - g_1(T_0 - T_b) \qquad \text{(A.45)}$$

Einsetzen der Integrationskonstanten führt zu der Temperaturfunktion des Fluids im Hüllrohr

$$\begin{aligned} T_e(x) = \ & T_b + (T_0 - T_b - g_2(T_L - T_b) + g_1(T_0 - T_b))e^{\lambda_1 x} + \\ & (g_2(T_L - T_b) - g_1(T_0 - T_b))e^{\lambda_2 x} \end{aligned} \qquad \text{(A.46)}$$

sowie der Temperaturfunktion für das Fluid im innenliegende Zirkulationsrohr

$$\begin{aligned} T_i(x) = \ & T_b + (T_0 - T_b - g_2(T_L - T_b) + g_1(T_0 - T_b))\tfrac{k_1}{k_i}e^{\lambda_1 x} + \\ & (g_2(T_L - T_b) - g_1(T_0 - T_b))\tfrac{k_2}{k_i}e^{\lambda_2 x} \end{aligned} \qquad \text{(A.47)}$$

Die Gleichungen für die Integrationskonstanten C_1 und C_2 enthalten noch die unbekannte Kopftemperatur T_L. Diese kann über die noch nicht berücksichtigte Randbedingung $T_e(L) = T_i(L)$ ermittelt werden.

$$C_1 e^{\lambda_1 L} + C_2 e^{\lambda_2 L} = C_1 \frac{k_1}{k_i} e^{\lambda_1 L} + C_2 \frac{k_2}{k_i} e^{\lambda_2 L} \qquad (A.48)$$

$$C_1 \left(1 - \frac{k_1}{k_i}\right) e^{\lambda_1 L} + C_2 \left(1 - \frac{k_2}{k_i}\right) e^{\lambda_2 L} = 0 \qquad (A.49)$$

mit der Substitution m

$$m = \frac{1 - \frac{k_1}{k_i}}{1 - \frac{k_2}{k_i}} e^{(\lambda_1 - \lambda_2)L} \qquad (A.50)$$

vereinfacht sich die Gleichung zu

$$mC_1 + C_2 = 0 \qquad (A.51)$$

Mit den eingesetzten Konstanten C_1 und C_2 ergibt sich

$$m(T_0 - T_b - g_2(T_L - T_b) + g_1(T_0 - T_b)) + g_2(T_L - T_b) - g_1(T_0 - T_b) = 0 \quad (A.52)$$

Umgestellt nach der Kopftemperatur T_L ergibt sich folgende Gleichung

$$T_L = T_b + \frac{T_0 - T_b}{g_2} \left(\frac{m}{m - 1} + g_1 \right) \qquad (A.53)$$

Mit diesen Gleichungen ist das System thermodynamisch vollständig beschreibbar.

A.5 Zusammenfassung

Die Lösungen der Wärmebilanzgleichungen 1.13 eines Inliner-Systems der Länge L lauten vollständig:

$$T_e(x) = T_b + C_1 e^{\lambda_1 x} + C_2 e^{\lambda_2 x} \qquad (A.54)$$

$$T_i(x) = T_b + C_1 \frac{k_1}{k_i} e^{\lambda_1 x} + C_2 \frac{k_2}{k_i} e^{\lambda_2 x} \qquad (A.55)$$

mit den beiden Integrationskonstanten C_1 und C_2

$$C_1 = T_0 - T_b - g_2(T_L - T_b) + g_1(T_0 - T_b) \qquad (A.56)$$

$$C_2 = g_2(T_L - T_b) - g_1(T_0 - T_b) \tag{A.57}$$

mit den Variablen g_1 und g_2

$$g_1 = \frac{k_1 e^{\lambda_1 L}}{k_2 e^{\lambda_2 L} - k_1 e^{\lambda_1 L}} \tag{A.58}$$

$$g_2 = \frac{k_i}{k_2 e^{\lambda_2 L} - k_1 e^{\lambda_1 L}} \tag{A.59}$$

sowie den Variablen k_1 und k_2

$$k_1 = k_i + k_e/2 + \sqrt{k_e^2/4 + k_e k_i} \tag{A.60}$$

$$k_2 = k_i + k_e/2 - \sqrt{k_e^2/4 + k_e k_i} \tag{A.61}$$

und den Eigenwerten λ_1 und λ_2

$$\lambda_1 = \frac{1}{\dot{m} c_p} \left(-\frac{k_e}{2} + \sqrt{\frac{k_e^2}{4} + k_e k_i} \right) \tag{A.62}$$

$$\lambda_2 = \frac{1}{\dot{m} c_p} \left(-\frac{k_e}{2} - \sqrt{\frac{k_e^2}{4} + k_e k_i} \right) \tag{A.63}$$

sowie der Gleichung zur Bestimmung der Kopftemperatur T_L

$$T_L = T_b + \frac{T_0 - T_b}{g_2} \left(\frac{m}{m-1} + g_1 \right) \tag{A.64}$$

$$m = \frac{1 - \frac{k_1}{k_i}}{1 - \frac{k_2}{k_i}} e^{(\lambda_1 - \lambda_2)L} \tag{A.65}$$

Anhang B

Wärmedurchgangskoeffizient für Rohre

Zur Berechnung der Wärmeverluste von kreisrunden Rohren mit Dämmung wird der Wärmedurchgangskoeffizient k benötigt. Dieser wird nach folgender Gleichung [3] ermittelt:

$$k = \frac{\pi}{\frac{1}{\alpha_i d_i} + \frac{1}{2}\frac{\ln\frac{d_a}{d_i}}{\lambda_{Rohr}} + \frac{1}{2}\frac{\ln\frac{D_a}{d_a}}{\lambda_{Iso}} + \frac{1}{\alpha_a D_a}} \tag{B.1}$$

Für die praktische Bemessung können die Terme mit α_i (Wärmeübergang vom Trinkwasser zum Rohr) und λ_{Rohr} (Wärmeleitung durch die Rohrwand) näherungsweise fortgelassen werden. Grund dafür ist, dass die beiden Werte sehr hoch sind und daher die Terme sehr klein werden. Der bestimmende Term dieser Gleichung ist der Term der λ_{Iso} (Wärmeleitung durch den Dämmstoff) enthält. Das Fortlassen der besprochenen Terme führt letztlich zu einem ungünstigeren Bemessungfall. Der Wärmeübergangskoeffizient α_a zur Umgebungsluft wird für Bemessungszwecke in [3] mit $10W/(m^2K)$ angesetzt.

Um die Wärmeverluste einer typischen Zirkulationsleitungsanlage abzuschätzen, werden im Folgenden die spezifischen Wärmeverluste von gedämmten Kupferrohr ermittelt. Dabei werden folgende Annahmen getroffen: Warmwassertemperatur in der Zirkulationsanlage $T_m = 55\ldots60°C$, mittlere Umgebungstemperatur $T_b = 15\ldots20°C$. Daraus ergibt sich eine Temperaturdifferenz zwischen Fluid und Umgebung von etwa $\Delta T_m = 40K$. Mit der Abmessungen für Kupferrohr ergeben sich folgende geometrischen und thermischen Zusammenhänge bei Mindestdämmdicke nach EnEV und der darauf bezogenen Wärmeleitfähigkeit $\lambda_{Iso} = 0,035W/(mK)$:

| d_a | t | d_i | $t_{iso,100\%}$ | D_a | k | ΔT_m | $\dot{q}_m$ |
mm	mm	mm	mm	mm	$W/(mK)$	K	W/m
12,0	1,0	10	20	52	0,14	40	5,5
15,0	1,0	13	20	55	0,15	40	6,2
18,0	1,0	16	20	58	0,17	40	6,8
22,0	1,0	20	20	62	0,19	40	7,7
28,0	1,5	25	30	88	0,18	40	7,2
35,0	1,5	32	30	95	0,21	40	8,2
42,0	1,5	39	39	120	0,20	40	7,9
54,0	2,0	50	50	154	0,20	40	8,0
64,0	2,0	60	60	184	0,20	40	8,0
76,1	2,0	72,1	72	220	0,20	40	8,0
88,9	2,0	84,9	85	259	0,20	40	8,0
108,0	2,5	103	100	308	0,21	40	8,2
133,0	3,0	127	100	333	0,23	40	9,4
159,0	3,0	153	100	359	0,26	40	10,5

Tabelle B.1: Wärmeverluste für Zirkulations- und Warmwasserleitungen

Die Tabelle zeigt, dass sich die längenbezogenen Wärmeverluste bei nach EnEV gedämmten Leitungen zwischen DN 20 - DN 100 kaum ändern.

Literaturverzeichnis

[1] Lothar Papula
Mathematik für Ingenieure
und Naturwissenschaftler
Band 2
Springer Verlag, 1990

[2] Cerbe / Hoffmann
Einführung in die Thermodynamik
12. Auflage, 1999 / Hanser Verlag

[3] DVGW-Arbeitsblatt W 553
Bemessung von Zirkulationssystemen
in zentralen Trinkwassererwärmungsanlagen
12/1998

[4] Informationsbroschüre: Trinkwasserhygiene
Zirkulationssysteme in der Trinkwasserinstallation
Gebr. Kemper GmbH und Co. KG
2005

[5] Meissner, Dorian / Wiebe, Jakob
Entwicklung von Algorithmen zur Berechnung
von Zirkulationssystemen mit Inlinern
in der TWW-Steigeleitung
Diplomarbeit, 2003
Fachhochschule Münster